ACCESOS

VASCULARES PARA

HEMODIALISIS:

LAS FAVIS.1

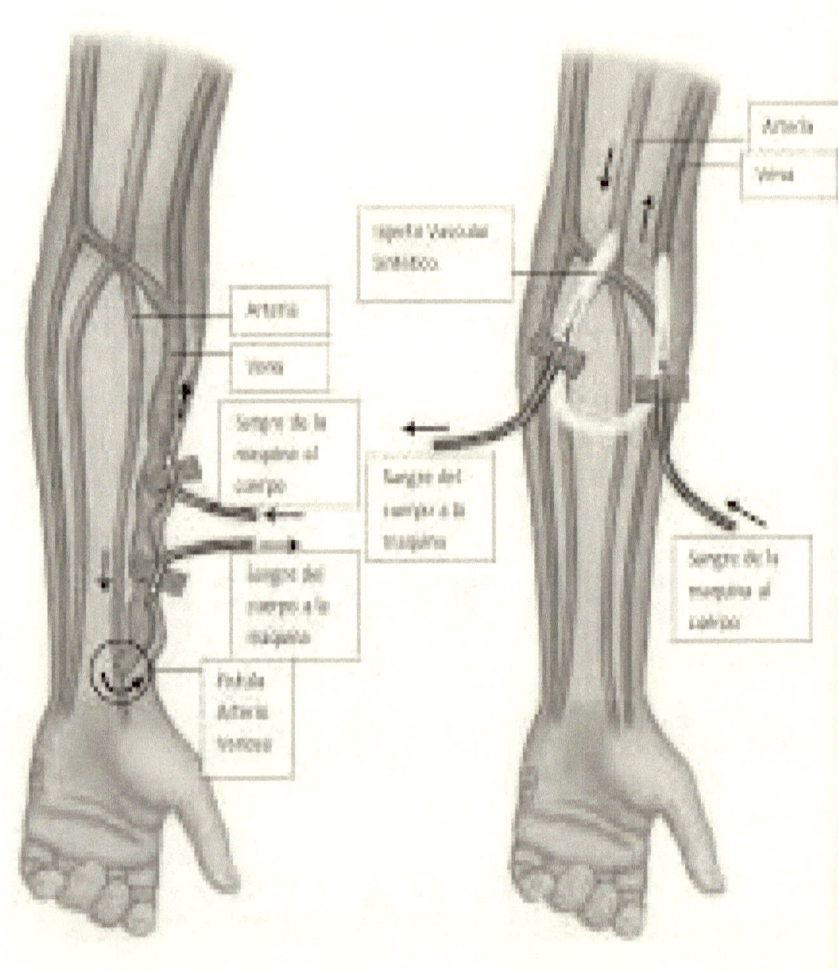

INDICE

CAPÍTULO SEGUNDO
CREACION DEL ACCESO
VASCULAR

1.1.- TIPOS DE ACCESO VASCULAR PERMANENTE NORMAS DE ACTUACIÓN

1.1.1.- El AV a considerar como primera opción es la fístula arteriovenosa autóloga.
Evidencia A

1.1.2.- En el caso de que no existan venas adecuadas que permitan realizar un AV autólogo, habrá que utilizar una prótesis vascular.
Evidencia B

1.1.3.- La implantación de un catéter venoso central ha de considerarse cuando no sea posible realizar ninguna de las anteriores o cuando sea preciso iniciar el tratamiento con HD sin disponer de un AV definitivo y maduro.
Evidencia B

1.1.4.- El acceso vascular más apropiado en cada caso dependerá de una serie de factores del propio paciente (edad, factores de comorbilidad, anatomía vascular, accesos previos, plazo para su utilización,...) que el cirujano vascular debe tener en consideración antes de la creación del AV.
Evidencia B

RAZONAMIENTO

En cada paciente el equipo multidisciplinar ha de tender a implantar el AV ideal.

El acceso vascular de elección es la fístula arteriovenosa autóloga1,2,3, ya que proporciona mejores prestaciones y tiene menor índice de infección y trombosis que las prótesis vasculares y los catéteres4-10.

Cuando se han agotado las posibilidades para la realización de una FAV, por la ausencia de venas o arterias adecuadas deben utilizarse prótesis vasculares1-3,8,11.

Dependiendo de la experiencia de los distintos grupos, existen discrepancias acerca de cuando considerar agotadas las posibilidades de creación de un AV autólogo. Ha de tenerse en cuenta que, aunque la permeabilidad inmediata es menor en los accesos autólogos (65-81%) frente a los protésicos (79-89%)2,3,10,12, así como la maduración a corto plazo, la permeabilidad y utilización a partir del primer año es superior para los autólogos1-3,6-8. Además sufren menos complicaciones, presentan mayor resistencia a la infección y necesitan menor número de procedimientos secundarios para mantenerlos funcionantes.

En caso de no poder realizar una FAVI y tampoco sea posible la colocación de una prótesis vascular deberá procederse a la colocación de un catéter tunelizado13, alternativa siempre posible4.

La opción más apropiada para cada caso concreto habrá de decidirse en función de la edad, presencia de factores de comorbilidad, anatomía vascular, accesos previos, la urgencia en su utilización y la propia exploración del paciente previa a la creación del AV1-4,14-19.

1.2.- ACCESO VASCULAR AUTÓLOGO NORMAS DE ACTUACIÓN

1.2.1.- La primera opción a considerar es la fístula radiocefálica en la muñeca ya que permite un mayor desarrollo de la red venosa y superficie de punción.
Evidencia A

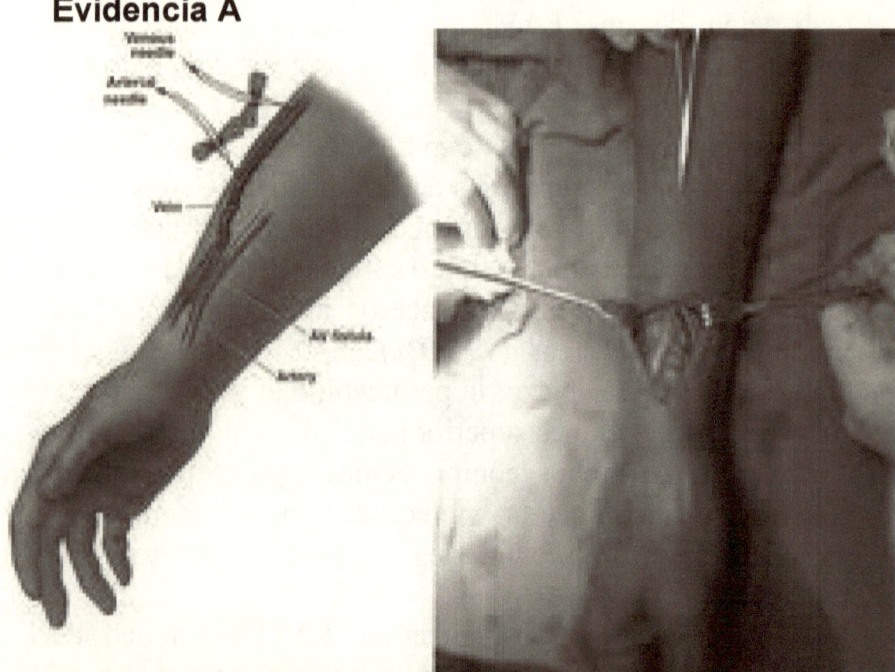

Fístula para Hemodiálisis Autóloga Radio-Cefálica

1.2.2.- Tras agotar el AV radiocefálico a lo largo del antebrazo, la segunda opción es la fístula humerocefálica.

Evidencia B

FISTULA HÚMERO CEFÁLICA   FISTULA HÚMERO BASÍLICA

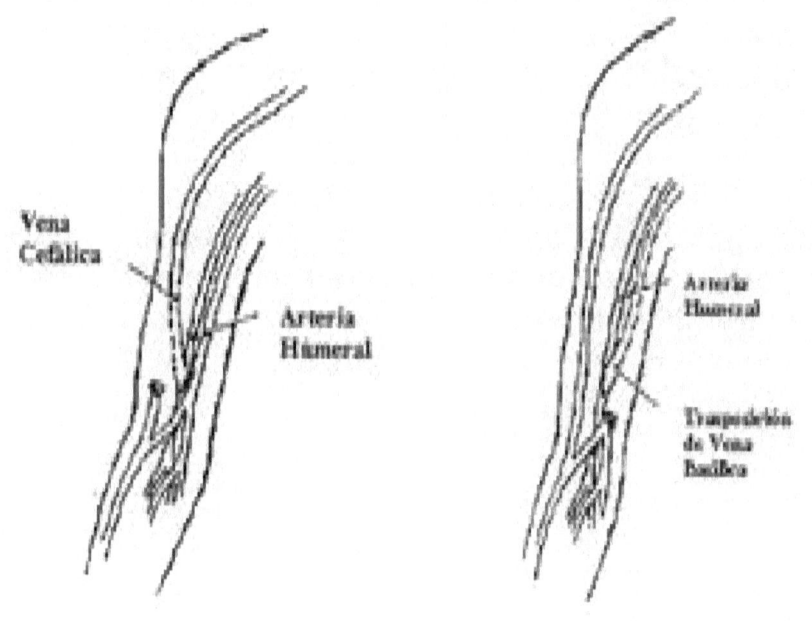

1.2.3.- La fístula humerocefálica puede ser la opción preferida en pacientes ancianos, diabéticos, mujeres y en general en los pacientes donde los vasos periféricos no son adecuados para técnicas más distales.
Evidencia B

1.2.4.- La alternativa a la fístula humerocefálica es la FAVI humerobasílica preferentemente con transposición de la vena.
Evidencia B

1.2.5.- En aquellos pacientes en los que se han agotado las opciones de AV en la extremidad superior, puede considerarse su implantación en la extremidad inferior.
Evidencia B

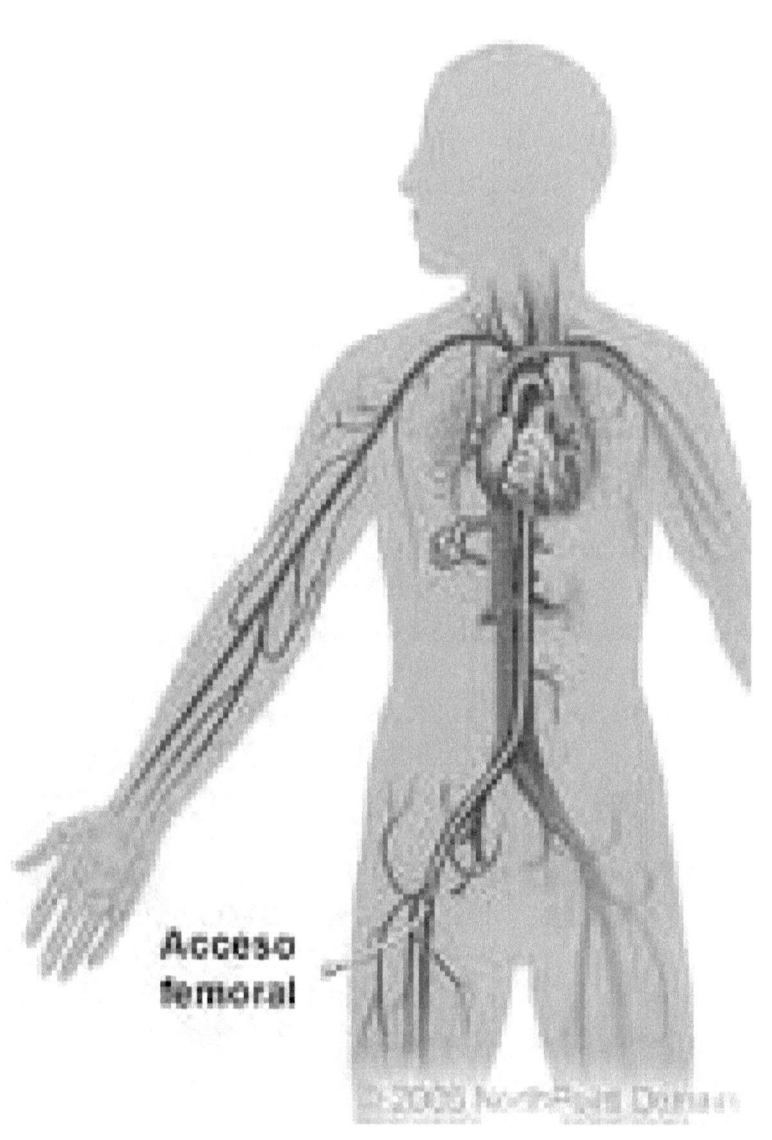

Acceso
femoral

©2003 Nucleus Medical Art

RAZONAMIENTO

La fístula arteriovenosa radiocefálica en la muñeca, descrita por Brescia-Cimino20 sigue constituyendo el patrón de referencia de los accesos vasculares para hemodiálisis, ya que su creación tiene una baja tasa de complicaciones y una excelente permeabilidad y utilización a largo plazo en los pacientes que consiguen un acceso maduro1-3,5,8,16.

La permeabilidad primaria a 6 meses oscila entre el 65 y el 81%, que resulta inferior al 79-89% de los protésicos pero se iguala a partir del primer año, sufriendo menos complicaciones2,3,6-8. La mayor limitación de esta técnica es la tasa relativamente alta de fallo temprano o inmediato que oscila entre el 10 y el 30%, llegando en algunos grupos casi al 50% y con mayor riesgo en diabéticos, ancianos y mujeres2,12. Pero ello no debe desanimar a seguir realizándola como primera opción, porque no quema ninguna etapa para accesos posteriores. Otra limitación importante es que en ocasiones debe esperarse un largo periodo hasta poder utilizarla, aproximadamente el 30% de estas FAVI no ha madurado lo suficiente a los 3 meses para ser utilizadas2,10,14.

Las guías DOQI, deliberadamente, no han querido establecer tasa alguna de permeabilidad primaria o asistida o tasa de utilización a largo plazo de este tipo de FAVI autóloga, ya que los grupos con malos resultados podrían desanimarse y renunciar a la FAVI de muñeca pese a ser considerada, de forma casi unánime, el AV de primera elección 3,4.

Además, la FAVI de muñeca permite posteriores reconstrucciones radiocefálicas más proximales a lo largo del antebrazo ante trombosis o estenosis yuxtaanastomóticas. De hecho, si la exploración física o con eco-Doppler muestra una mala calidad de vasos distales, es aconsejable una FAVI RC más proximal.

La FAVI en la tabaquera anatómica es una técnica menos frecuente que la anterior.

Sólo algunos grupos, como el de Wolowczyk**21**, refieren experiencias amplias: en un periodo de 12 años con 210 procedimientos presentan un 11% de trombosis en las primeras 24 horas y una maduración del 80% en 6 semanas. La permeabilidad a 1 y 5 años fue del 65% y 45% respectivamente. Además, en los accesos trombosados fue posible realizar una nueva fístula homolateral en la muñeca en el 45 % de los casos. Desde el punto de vista técnico no existen grandes diferencias, aunque las estructuras son ligeramente menores y el campo más reducido lo que ha desanimado a muchos grupos.

Una alternativa antes de usar venas más proximales es la técnica descrita por Silva22,23 en 1997, la transposicion radiobasílica en el antebrazo. La basílica, en su trayecto antebraquial, generalmente se halla en mejor estado al encontrarse menos accesible a las punciones venosas. Las venas del antebrazo, sin embargo, no tienen la misma consistencia que las del brazo, lo que hace la técnica más compleja (mayor facilidad para la torsión tras la superficialización), con menor permeabilidad inmediata y realizada por muy pocos grupos.

Clásicamente y en las guías actuales4,24, el acceso autólogo humerocefálico directo (FAVI en el codo), se considera como el procedimiento secundario por excelencia tras la FAVI de la muñeca. Técnicamente, puede realizarse igualmente con anestesia local y tanto arteria como vena son de mayor diámetro que en el antebrazo. El diámetro mínimo adecuado de la arteria braquial oscila entre 2,5 y 4mm y el de la vena cefálica de 3-4mm 2,19. Sin embargo, hay mejores factores predictores como el flujo arterial mayor de 40-50 ml/mn o la ausencia de estenosis en la vena cefálica 23,25-27. No debe realizarse una arteriotomía superior a los 5-6mm para evitar complicaciones posteriores. Una variante técnica introducida por Bender28 utiliza la vena mediana cubital, en terminal, para anastomosar sobre la arteria humeral subyacente, logrando con frecuencia la arterialización tanto de cefálica como de basílica. Tiene algunas ventajas sobre la antebraquial: menor índice de fallos inmediatos y mayor flujo; pero también tiene algunos inconvenientes: menor accesibilidad cuando ambos accesos han madurado (en pacientes obesos ocasionalmente nunca pueden llegar a canalizarse) y mayor porcentaje de complicaciones como edema de la extremidad, isquemia distal por robo (3-6% frente al 1%) y fallo cardiaco por hiperaflujo29,30. La permeabilidad primaria al año es del 70-85% y a los tres años del 57-78%2,19 La tasa de permeabilidad primaria del procedimiento de Bender fue del 90% al año y del 80% a los 3 años28. En algunos trabajos publicados se han referido tasas muy altas de fallo de maduración del acceso.

La transposicion humerobasilica en el brazo es considerada como el último de los accesos autólogos directos. En el brazo suele haber mayor cantidad de tejido celular subcutáneo y consecuentemente la tunelización anterior ha de ser cuidadosa para que quede perfectamente abordable para la punción. Las ventajas y desventajas son muy similares a las descritas para el acceso húmero cefálico. La permeabilidad al año es del 90-65% y a los tres años del 80-43%2,19,29,30.

En aquellos pacientes en los que se han agotado las opciones de AV en la extremidad superior, puede considerarse su implantación en la extremidad inferior.

Por lo general, los AV creados en la extremidad inferior tardan mas tiempo en madurar, tienen mayor incidencia de robo arterial, se trombosan con mayor frecuencia y presentan una supervivencia menor (tanto el acceso autólogo como el protésico). Las indicaciones preferentes son la anastomosis safenotibial posterior, safenofemoral en muslo y femorofemoral con superficialización de la vena femoral superficial 31,32.

1.3.- ACCESO VASCULAR PROTÉSICO NORMAS DE ACTUACIÓN

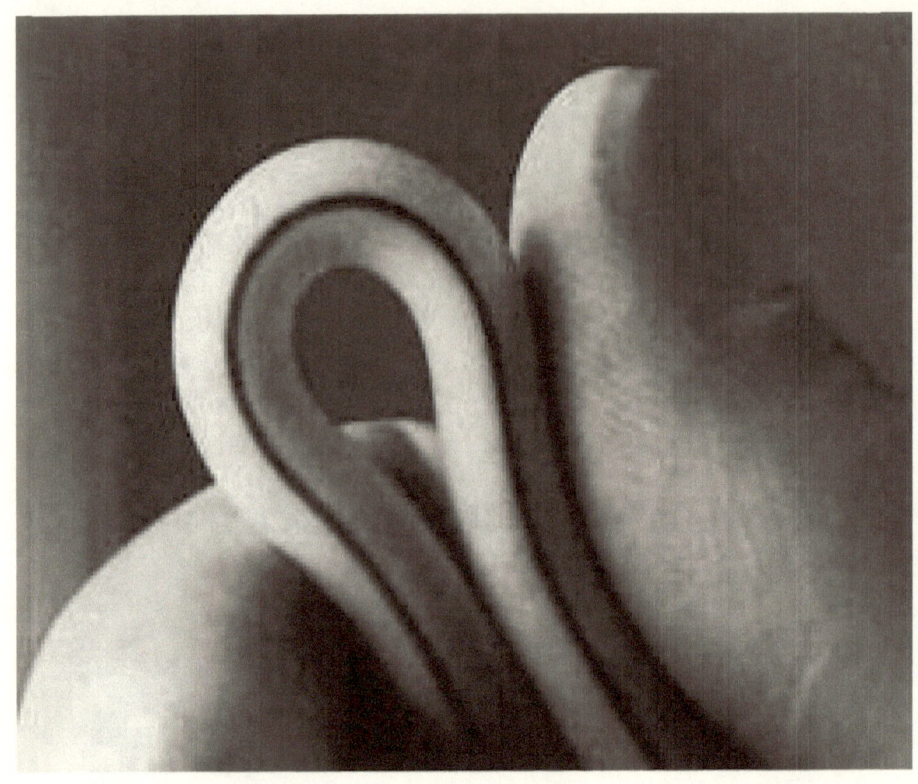

1.3.1.- Las prótesis sólo deben ser consideradas en los pacientes en los que no es posible la realización de una fístula arteriovenosa autóloga.
Evidencia B

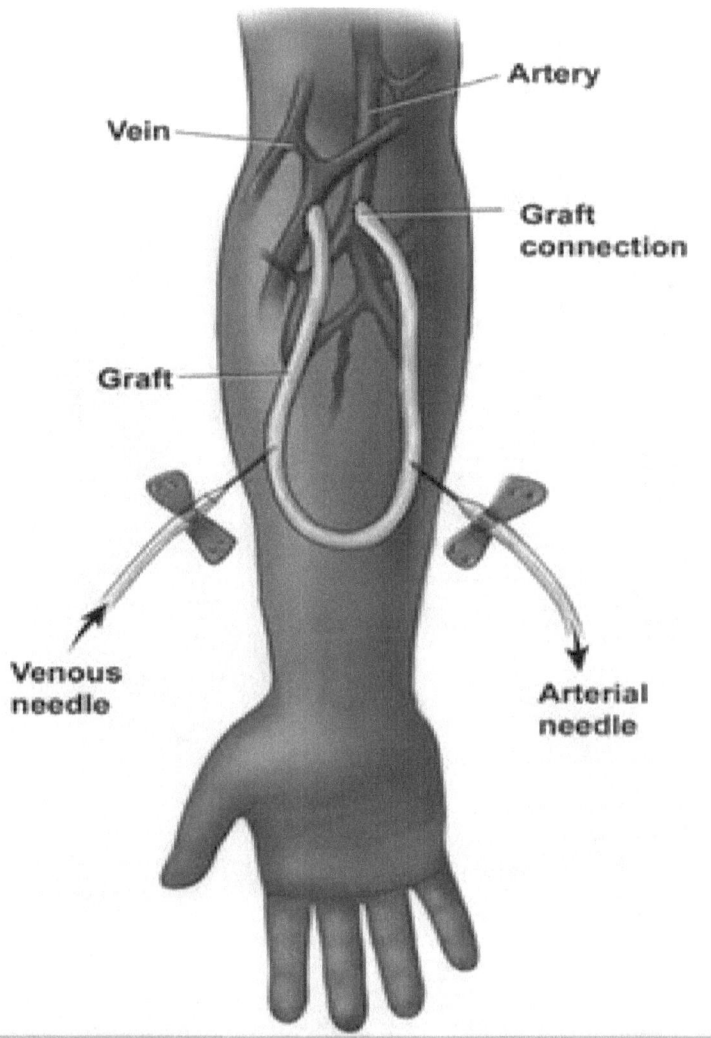

Vein

Artery

Graft connection

Graft

Venous needle

Arterial needle

1.3.2.- El material de la prótesis mas comúnmente utilizado y actualmente el más recomendado es el politetrafluoroetileno expandido (PTFE).
Evidencia A

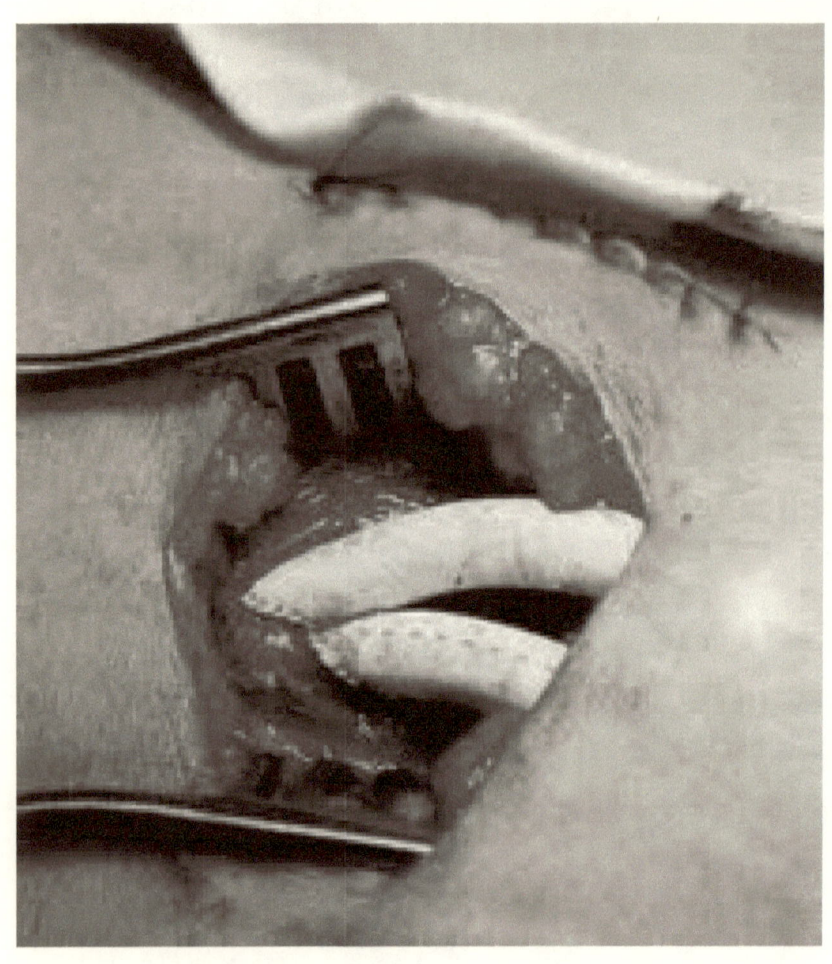

1.3.3.- Debido al alto índice de infecciones operatorias de las prótesis, se recomienda el uso de antibióticos profilácticos perioperatorios. Evidencia A

RAZONAMIENTO

El uso de material protésico para la realización de un AV para HD ha demostrado ser una solución de alto coste tanto económico como de morbilidad y calidad de vida de los pacientes, por la necesidad de gran número de procedimientos quirúrgicos o radiológicos para mantenerlo útil. Esto motivó la creación de las guías DOQI en los EEUU para frenar el impulso que el implante de estos dispositivos protésicos había alcanzado en este país a finales de 19974,11,33-35. Desde el punto de vista técnico es mas facilmente realizable, lo que puede contribuir a que cirujanos poco expertos en la realización de accesos autólogos se inclinen de entrada por este procedimiento1.

Antes de colocar una prótesis, deben identificarse las arterias y venas con un diámetro adecuado para el implante (no inferior a 3,5-4 mm) 23,35.

En la mayor parte de los casos, con un lecho venoso distal ya agotado, la anastomosis arterial de la prótesis habrá de ser lo mas distal posible y la venosa tan central como sea preciso para asegurar la permeabilidad del AV, pero también tan periférica como sea posible. Cuanto mas proximal sea el lugar del implante, mayor flujo y permeabilidad se conseguirá; pero cuanto más distal sea, más respetado quedará el árbol vascular venoso para reconstrucciones u otras opciones de AV.

El material recomendado para la prótesis es el PTFE,4,33,36-38. La posición de la prótesis es en forma recta o en forma de asa, siendo esta última disposición la preferida en el antebrazo. Estas disposiciones estan condicionadas en última instancia por las características del paciente.

Los lugares de anastomosis arterial por orden de preferencia son: arteria radial en muñeca, arteria humeral en fosa antecubital, arteria humeral en brazo, arteria humeral próxima a axila y arteria axilar; aunque, puesto que un AV protésico suele realizarse tras varias FAVI fallidas, la localización dependerá del lecho vascular conservado. Las prótesis de antebrazo finalizarán en fosa antecubital o por encima del codo. Otros lugares serían vena cefálica, basílica, axilar, subclavia y vena yugular. En el caso de que no fuese posible una prótesis en miembros superiores, es posible implantarla entre la arteria femoral (superficial o profunda) y la vena femoral o la safena en el cayado.

La anastomosis arterial de la prótesis preferiblemente debe ser latero-terminal. No existen estudios que demuestren diferencias según el tipo de anastomosis entre la vena y la prótesis.

La longitud de la prótesis debe tener entre 20 y 40 cm para garantizar una gran longitud de punción. El diámetro de las prótesis, aunque no está perfectamente definido, debe oscilar entre 6 y 7 mm.

La permeabilidad primaria de las prótesis está entre el 20 y el 50% a los 24 meses, aunque mediante sucesivas intervenciones quirúrgicas que oscilan entre 2,5% y 40% al año39-42, se puede mejorar alcanzando una permeabilidad asistida entre el 45
y el 70% a los dos años.

El índice de contaminación operatoria es alto, como sucede con cualquier prótesis vascular, por lo que se recomienda la profilaxis antibiótica oportuna, que comienza dos horas antes o en el momento de la inducción anestésica y se prolonga durante las 24 horas siguientes a la intervención. No hay ningún estudio aleatorio, por lo cual se aconseja el uso de 2 gr de cefazolina preintervención. El uso de vancomicina parece que disminuye la incidencia de infecciones, aunque habitualmente se reserva para microorganismos concretos43.

1.4.- MADURACIÓN DEL ACCESO VASCULAR NORMAS DE ACTUACIÓN

1.4.1.- Un AV autólogo se considera maduro cuando el diámetro venoso es suficiente para ser canalizado y permitir un flujo suficiente para la sesión deHD. Para una fístula autóloga se recomienda un periodo mínimo de maduración antes de su canalización de cuatro semanas, siendo preferible de tres a cuatro meses. Evidencia B

1.4.2.- El tiempo mínimo recomendado de maduración de una prótesis es de dos semanas, siendo preferible esperar cuatro semanas para su punción. Evidencia C

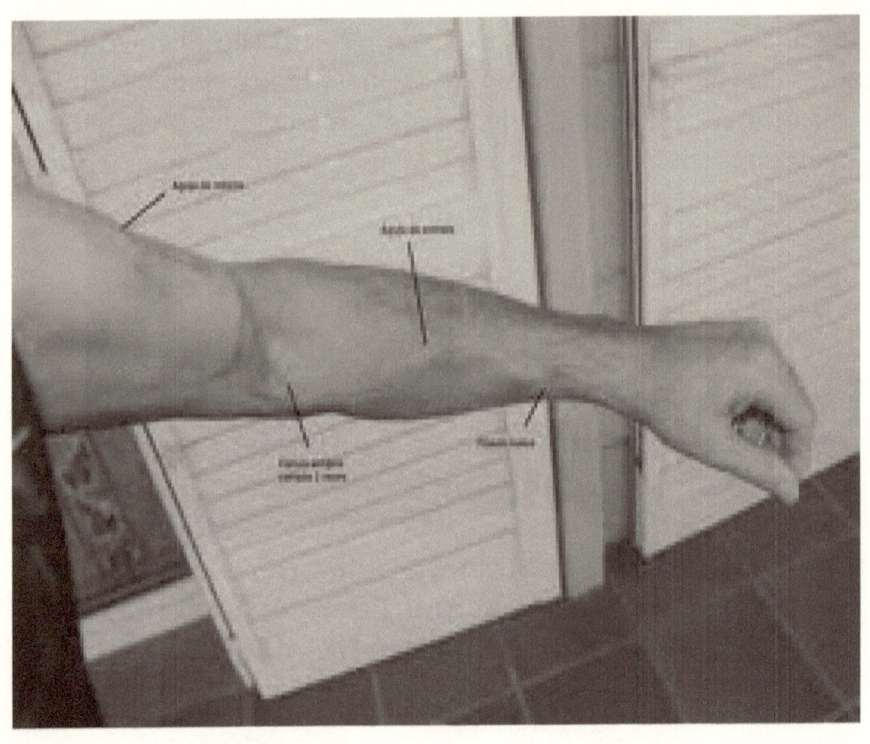

1.4.3.- Tanto en el AV autólogo como el protésico, cuando aparece infiltrado (por la presencia de hematoma, induración o edema) debe dejarse en reposo si es posible, sin reiniciar su punción hasta que hayan desaparecido los signos inflamatorios.
Opinión

1.4.4.- Un retraso en la maduración suele indicar estenosis arterial o perianastomótica, o una trombosis. Tras su confirmación mediante técnicas de imagen ha de corregirse lo antes posible.
Evidencia B

1.4.5.- La decisión del momento de canalizar el AV por primera vez ha de hacerlo personal debidamente entrenado para evitar complicaciones.
Evidencia C

RAZONAMIENTO

El tiempo que transcurre desde la creación del AV hasta que puede ser utilizado para una HD eficaz se conoce como maduración4. En esta fase, como adaptación al nuevo flujo, se producen cambios importantes en la pared venosa que van a permitir una canalización apropiada, como son el aumento del diámetro venoso y del grosor de su pared (fenómeno que se conoce como arterialización). En este periodo debe comprobarse el adecuado desarrollo de la fístula 44,45.

En FAV, la maduración retrasada (más de ocho semanas) o anómala, apunta a la existencia de estenosis arterial o perianastomótica en un elevado porcentaje de casos y debe confirmarse mediante técnicas de imagen46-49. En muchos casos, especialmente en pacientes con enfermedad aterosclerótica, la causa es una disminución del flujo arterial. Según distintas series entre un 28% y un 53% de las FAVI autólogas nunca maduran adecuadamente 50,51. En circunstancias normales la maduración es gradual, de tal manera que después de 4-6 semanas las FAVI radiocefálicas y humerocefálicas deben haber madurado y ser aptas para su empleo.

Las FAVI cúbitobasílicas tardan algo más, en torno a 6 semanas. Una vez desarrolladas, las FAVI normofuncionantes radiocefálicas pueden tener flujos de 500 a 900 ml/min. En prótesis y FAVI más proximales se obtienen mayores flujos que pueden alcanzar los 800-1400 ml/mn.

En el momento actual, en la mayoría de las unidades se utilizan métodos de evaluación clínica para determinar el grado de maduración. Sin embargo, sería ventajoso desarrollar criterios cuantitativos objetivos bien definidos para evaluar las FAVI autólogas tras su construcción, que ayuden a identificar precozmente su fracaso. En este sentido, el eco-Doppler ha sido propuesto como la técnica de elección por ser no invasiva y estar exenta de complicaciones52-56, incluso teniendo en cuenta la variabilidad interobservador. En diversos estudios se han descrito diversos parámetros predictivos de la maduración como la velocidad del flujo sanguíneo a las 24 horas y el diámetro de la vena 54, el flujo venoso de salida a las dos semanas de la construcción55, un diámetro venoso mínimo de 0,4 cm también a las dos semanas de su realización56, así como un flujo de 500 ml/mn o mayor56.

La exploración con eco-Doppler puede determinar igualmente el flujo de los AV protésicos y flujos superiores a 500 ml/mn, que se asocian a la presencia de thrill palpable, evidencian un correcto funcionamiento.

1.5.- PREVENCIÓN DE LA TROMBOSIS DEL ACCESO VASCULAR: INDICACIONES DEL

TRATAMIENTO ANTIAGREGANTE-ANTICOAGULANTE

Los pacientes en tratamiento con hemodiálisis presentan con frecuencia alteraciones de la hemostasia que favorecen la aparición de trombosis lo que contribuye a la presencia de complicaciones isquémicas en órganos vitales y puede, a su vez, favorecer la trombosis del AV. El objetivo de este apartado es el de realizar una actualización sobre este tema con mención especial a los resultados registrados tras la administración de antiagregantes plaquetares o con anticoagulación sistémica.

NORMAS DE ACTUACIÓN

1.5.1.- Antes de la creación del AV ha de realizarse un estudio de hemostasia.
Evidencia D

1.5.2.- Los estados de hipercoagulabilidad pueden favorecer la trombosis del AV.
Evidencia C

1.5.3.- Las alteraciones de la hemostasia mediadas por factores trombofílicos han de ser tratados de forma específica.
Evidencia C

1.5.4.- El uso sistemático de tratamiento antiagregante o anticoagulante aumenta el riesgo

hemorrágico y no prolonga la supervivencia del AV.
Evidencia C

1.5.5.- En los casos de trombosis recidivante no obstructiva o de causa no aparente, la anticoagulación sistémica puede estar justificada.
Evidencia C

RAZONAMIENTO

La trombosis del AV es la complicación más frecuente y constituye a su vez la causa principal de pérdida del acceso8. En la mayoría de los casos, la trombosis se asocia a disminución del flujo del AV57 y es el resultado final de una estenosis progresiva debido al desarrollo de una hiperplasia intimal58. Sin embargo, en el 15% de los casos, la trombosis no está mediada por fenómenos obstructivos y se debe a otras causas como hipotensión, compresión, aumento del hematocrito o estado de hipercoagulabilidad59,60.

Los pacientes con ERCA presentan con frecuencia diferentes trastornos de la hemostasia que pueden variar desde una tendencia al riesgo de hemorragia hasta un estado de hipercoagulabilidad. En el primer caso predominan las alteraciones del funcionalismo plaquetar (defecto de adhesividad a la pared del vaso), pero en el segundo pueden intervenir diferentes factores celulares y plasmáticos61.

Factores que contribuyen al estado de hipercoagulabilidad en los pacientes en Hemodiálisis

Alteraciones plaquetarias

Se han señalado diferentes anomalías de los trombocitos que favorecen el estado de hipercoagulabilidad y que pueden participar en la trombosis del AV. Estas anomalías pueden estar mediadas tanto por una activación anormal de los receptores de las plaquetas62, como por un aumento en el número total de receptores de las mismas63. Por otro lado, se ha demostrado que en los pacientes en HD existe un aumento en el número de plaquetas circulantes activadas64, fenómeno que puede obedecer a diferentes mecanismos, tales como aumento de adhesión a los componentes del circuito extracorporeo65, o simplemente como consecuencia de las turbulencias y/o estrés endotelial que se producen en el trayecto del AV debido a la pérdida del flujo laminar66. Además el fibrinógeno, cuyos niveles están frecuentemente aumentados en los pacientes en HD, se deposita en

las paredes del AV, se adhiere a la superficie del las plaquetas y aumenta la activación y nueva deposición de trombocitos67, fenómeno en el que también puede intervenir la formación local de trombina mediada por la presencia del factor XII68.

Alteraciones de factores plasmáticos

Diferentes estudios han puesto de manifiesto que la presencia de anticuerpos antifosfolípido (incluye anticoagulante lúpico y anticuerpo anticardiolipina) constituye un factor de riesgo de trombosis del AV69,70. Se ha constatado que la prevalencia de estos anticuerpos es superior en los pacientes en tratamiento con HD en relación a la población normal71. Un dato curioso es que ambos tipos de anticuerpos se detectan con mayor frecuencia en los pacientes que se dializan con prótesis que en los que utilizan una FAV, con la particularidad de que el riesgo de trombosis está aumentado en los primeros, pero no en los segundos72.

Otras alteraciones que favorecen la hipercoagulabilidad en la uremia se deben a: 1) aumento en la formación de fibrina debido a la presencia de niveles elevados de factor von Willebrand73; 2) presencia de hiperfibrinogenemia, situación que se ha demostrado que puede participar en la trombosis del AV74; 3) descenso de los niveles de AT III, lo que reduce su actividad y favorece el estado protrombótico75.

La hiperhomocistinemia constituye un factor de riesgo independiente de trombosis venosa76. Los pacientes en HD presentan con frecuencia hiperhomocistinemia lo que puede favorecer el desarrollo de arterioesclerosis y la aparición de patología cardiovascular77. Sin embargo el papel de la hiperhomocistinemia en la trombosis del AV es controvertido, ya que existen publicaciones que no han encontrado relación entre homocisteina y trombosis78, otras que sí han encontrado relación lineal entre niveles séricos y trombosis (4% incremento de trombosis por cada μmol/l), para todo
tipo de AV79 y finalmente otras que limitan el riesgo tan sólo a los portadores de prótesis80.

Consideraciones terapéuticas

Parece demostrado que el estado de hipercoagulabilidad al que están sometidos algunos pacientes en HD, puede intervenir en la trombosis del AV, pero hasta el momento actual los resultados de los estudios realizados no son concluyentes, como veremos a continuación.

Tratamiento antiagregante

Aunque Donoto ha documentado que la administración de antiagregantes plaquetares puede prevenir la trombosis del AV80, la relación directa entre actividad plaquetar y trombosis del AV no está definitivamente demostrada. Los resultados de 9 ensayos randomizados con placebo y grupo control señallaron que la incidencia de trombosis era de 17% en el grupo tratado y 39% en el placebo81. Sin embargo la conclusión final, resulta difícil de interpretar debido a la diferencia de los agentes aplicados (en 5 estudios se administró ticlopidina, en dos aspirina y en los otros dos sulfinpirazona), al momento de su realización (este estudio se realizó hace más de 20 años) y al corto periodo de seguimiento ya que no sobrepasa los dos meses.

En 1994 se publicó el resultado de un ensayo randomizado con placebo y grupo control en el que se estudiaba la frecuencia de trombosis en pacientes portadores de prótesis AV, tratados con dipiridamol (75 mg, tres dosis día) con o sin aspirina (325 mg/dia). El resultado mostró que ninguno de estos tratamientos era efectivo en pacientes con trombosis previas, aunque los pacientes tratados sólo con dipiridamol tenían una tasa mayor de permeabilidad primaria (tiempo primera trombosis), mientras que los tratados con aspirina tenían mayor proporción de complicaciones trombóticas82. Estudios posteriores, realizados in vitro por el mismo grupo mostraron que la aspirina estimulaba la proliferación de fibras musculares lisas (componente esencial de la hiperplasia intimal) mientras que el dipiridamol producía un efecto antiproliferativo mediado por la inhibición en la producción de factores de crecimiento PDGF y βTGF83.

Finalmente, se ha de resaltar que un ensayo clínico multicéntrico, que trataba de evaluar la efectividad de la asociación de aspirina y clopidogrel frente a placebo, tuvo que ser suspendido debido a la comprobación del incremento del riesgo de hemorragia en el grupo tratado84.

Cabe concluir, que el papel de los antiagregantes plaquetares queda pendiente de resolver a la espera de nuevos ensayos que puedan confirmar su utilidad.

Tratamiento anticoagulante

La administración de anticoagulantes orales mostró su efectividad al comprobarse una permeabilidad más larga de las cánulas externas de Scribner85, pero estos resultados no se han podido confirmar posteriormente en los AV autólogos ni en las prótesis.

LeSar ha mostrado que para reducir el riesgo de trombosis recidivante en situaciones de hipercoagulabilidad con anticoagulantes orales, se precisa alcanzar valores de INR entre 2,7-3,0, dosis con las que se registran trastornos hemorrágicos en mas del 10% de los pacientes86. Por otro lado dosis mas bajas de anticoagulantes tampoco aumentan el tiempo de permeabilidad de las nuevas prótesis implantadas y siguen constituyendo un riesgo considerable de hemorragia87.

Como conclusión cabe señalar que los ensayos sobre la efectividad de los anticoagulantes son escasos y muestran mas efectos secundarios que ventajas. Por lo tanto, y a la espera de nuevos estudios, se puede afirmar que no existen evidencias que indiquen su aplicación.

BIBLIOGRAFÍA

1. Weiswasser JM, Kellicut D, Arora S, Sidawy AN Strategies of arteriovenous dyalisis access. Seminars Vasc Surg 2004; 1: 10-8
2. Mackrell PJ, Cull DL, Carsten III ChG. Hemodialysis access: Placement and management of complications. En: Hallet JW Jr, Mills JL, Earnshaw JJ,Reekers JA. Eds.: Comprehensive Vascular and Endovascular Surgery. Mosby-Elsevier ld. -St. Louis (Miss). 2004: pg 361-90
3. Ascher E, Hingorani A. The dyalisis outcome and quality initiative (DOQI) recommendations. Seminars Vasc Surg 2004; 1: 3-9
4. NFK/DOQI. Clinical Practice Guidelines for Vascular Accesss. Am J Kidney Dis. 2001. vol 37; Supp 1: S137-S181.
5. Konner K, Nonnast-Daniel B, Ritz E. The arteriovenous fistula. J Am Soc Nephrol. 2003;14:1669-80
6. Harland RC. Placement of permanent vascular access devices. Surgical considerations. Adv Ren Replace Ther 1994; 1: 99-106
7. Palder SB, Kirkman RL, Whittermore AD, Hakim RM, Lazarus JM, Tilney LM. Vascular access for hemodialysis: Patency rates and results of revision. Ann Surg 1985; 202: 235-9
8. Fan P, Schwab SJ. Vascular access: Concepts for 1990's. J Am Soc Nephrol 1992; 3: 1-11
9. Albers F: Causes of hemodialysis access failure. Adv Ren Replace Ther 1994;1:107-18
10. Butterly D, Schwab SJ. The case against chronic venous hemodialysis access. J Am Soc Nephrol. 2002;13: 2195-7

11. Tellis VA, Kohlberg WI, Bhat DJ. Expanded polytetrafluorethylene graft fistula for cronic hemodialysis. Ann Surg 1979, 189: 101-105

12. Gibson KD, Gillen DL, Caps MT et al. Vascular access surgery and incidence of revisións: A comparison of prosthetic grafts, simple autogenous fistulas and venous transposition fistulas from the United States Renal Data System Dyalisis morbidity and mortality study. J Vasc Surg 2001; 34: 694-700

13. Canoud B, Leray- Moragues H, Garred LJ, Turc- Baron C, Mion C. What is the role of permanent central vein access in hemodialysis patients? Seminars Dial 1996; 9: 397-400

14. Campbell Jr DA, Magee JC. Direct communication for angioaccess. En: Ernst CB, Stanley JC.Eds.: Current Therapy in Vascular Surgery. Mosby Inc. St.
Louis (Miss) 2001:pg 803-6

15. Lin PH, Bush RL, Chen CH, Lumsden AB. What is new in the preoperative evaluation of arteriovenous access operation? Seminars Vasc Surg 2004 (vol 17);1: 57- 63Schanzer H, Eisenberg D. Management of steal syndrome resulting from dyalisis access. Seminars Vasc Surg 2004 (vol 17); 1: 45-9

16. Kalman PG, Pope M, Bhola C et al. A practical approach to vascular access for hemodialysis and predictors of success. J Vasc Surg 1999; 30:727-33

17. Huber TS, Ozaki CK, Flynn TC et al. Prospective validation of an algorithm to maximize native arteriovenous fistulae for chronic hemodialysis access. J Vasc Surg 2002; 36: 452-9

18. Malovrh M. Native arteriovenous fistula: Preoperative evaluation. Am J Kidney Dis 2002; 39:1218-25

19. Gelabert HA, Freischlag JA. Hemodialysis access. En: Rutherford RB Ed.:
Vascular Surgery (5th Ed). WB Saunders Co. Philadelphia 2000; pg 1466-77

20. Brescia M, Cimino J, Appel K et al. Chronic hemodialysis using venopuncture a surgically created arteriovenous fistula. N Engl J Med 1966; 275: 1089-92

21. Wolowczyk L, Williams AJ, Donovan Kl et al. The snuffbox arteriovenous fistula for vascular access.Eur J Vasc Endovasc Surg 2000; 19: 70-6

22. Silva MB Jr. Hobson RW 2nd, Pappas PJ et al. Vein transposition in the forearm for autogenous hemodialysis access. J Vasc Surg 1997; 26: 981-8

23. Silva MB Jr. Hobson RW 2nd, Pappas PJ et al. A strategy for increasing use of autogenous hemodialysis access: Impact of preoperative noninvasive
evaluation. J Vasc Surg 1998; 27: 302-7

24. Jindal KK, Ethier JH, Lindsay RM et al. Clinical practice Guidelines for Vascular Access. (Guías Canadienses) J Am Soc Nephrol 1999; 10: S287-S321

25. Rodriguez JA, Armadans L, Ferrer E, Olmos A, Codina S, Bartolomé J,Borrillas J, Piera L. The function of permanent vascular accsess . Nephrol Dial
Transplant 2000, 15 :402 – 408

26. Wong V, Ward R, Taylor J, Selvakumar S, How TV, Bakran A. Factors associated with early failure of arteriovenous fistulae for haemodialysis access. Eur J Vasc Endovasc Surg 1996; 12:207-213

27. Malovrh M. Non-invasive evaluation of vessels by duplex sonography prior to construction of arteriovenous fistulas for haemodialysis. Nephrol Dial Transplant 1998; 13:125-129

28. Bender MHM, Bruyninckx CMA, Gerlag PG. The brachiocephalic elbow fistulña: a useful alternative angioacces for permanent hemodialysis. J Vasc Surg 1994:; 220: 808-13

29. Hakaim AG, Nalbandian M, Scott T. Superior maturation and patency of primary arteriovenous J Vasc Surg 1998; 27:154-7

30. Humphries AL, Colborn GL, Wynn JJ. Elevated basilic vein arteriovenous fistula. Am J Surg 1999; 177: 489-91

31. Illig KA, Orloff M, Lyden SP et al. Transposed saphenous vein arteriovenous fistula revisited: New technology for an old idea. CardiovascSurg 2002;10:212-5

32. Gradman WS, Cohen W, Massoud HA. Arteriovenous fistula construction in the thigh with transposed superficial femoral vein: Our initial experience. J Vasc Surg 2001; 33: 968-75

33. Vascular access society. Management of renal patients: Clinical algorithms on vascular access for hemodialysis. In www. vascularaccesssociety.com

34. Tordoir JH, Kwan TS, Herman JM, Carol EJ, Jakimowicz JJ. Primary and secondary access surgery for haemodialysis with the Brescia- Cimino fistula and the polytetrafluoroethylene (PTFE) graft. Neth J Surg 1983; 35:8-12

35. Ascher E, Gade P, Hingorani A, Mazzariol F, Gunduz Y, Fodera M, Yorkovich W. Changes in the practice of angioaccess surgery: impact of dialysis outcome and quality initiative recommendations. J Vasc Surg 2000; 31:84-92 36. Scher LA, Katzman HE. Alternative graft materials for hemodyalisis Access. Seminars Vasc Surg 2004; 17: 19-24.

37. Lemson MS, Tordoir JH, van Det RJ, Welten RJ, Burger H, Estourgie RJ, Stroecken HJ, Leunissen KM. Effects of a venous cuff at the venous anastomosis of polytetrafluoroethylene grafts for hemodialysis vascular access. J Vasc Surg 2000; 32:1155-1163

38. Barron PT, Wellington JL, Lorimer JW, Cole CW, Moher D. A comparison between expanded polytetrafluoroethylene and plasma tetrafluoroethylene grafts for hemodialysis access. Can J Surg 1993; 36:184-186

39. Lazarides MK, Iatrou CE, Karanikas ID, Kaperonis NM, Petras DI, Zirogiannis PN, Dayantas JN. Factors affecting the lifespan of autologous and synthetic arteriovenous access routes for haemodialysis. Eur J Surg 1996; 162:297-301

40. Polo JR, Tejedor A, Polo J, Sanabia J, Calleja J, Gomez F. Long-term followup of 6-8 mm brachioaxillary polytetrafluorethylene grafts for hemodialysis. Artif Organs 1995; 19:1181-1184

41. Brotman DN, Fandos L, Faust GR, Dossier W, Cohen JR. Hemodyalisis graft salvage. J Am Coll Surg 1994; 178: 431-4

42. Bitar G, Yang S, Badosa F. Ballon versus patch angioplasty as and adjuvant treatment to surgical thrombectomy of hemodialysis grafts. Am J Surg 1997;174:140-2

43. Zibari GB, Gadallah MF, Landreneau M, McMillan R, Bridges RM, Costley K,Work J, McDonald JC. Preoperative vancomycin prophylaxis decreases incidence of postoperative hemodialysis vascular access infections. Am J Kidney Dis 1997; 30:343-348

44. Lin SL, Chen HS, Huang CH, Yen TS. Predicting the outcome of hemodialysis arteriovenous fistulae using duplex ultrasonography. J Formos Med Assoc1997; 96:864-868

45. Trerotola SO, Scheel PJ Jr, Powe NR, Prescott C, Feeley N, He J, Watson A. Screening for dialysis access graft malfunction: comparison of physical examination with US. J Vasc Interv Radiol 1996; 7:15-20

46. Vanholder R. Vascular access: care and monitoring of function. Nephrol Dial Transplant 2001; 16: 1542-5

47. Gallego JJ, Hernández A, Herrero JA, Moreno R. Early detection and treatment of hemodialysis access dysfunction. Cardiovasc Intervent Radiol 2000; 23: 40-6.

48. Turmel-Rodrigues L, Pengloan J, Baudin S, Testou D, Abaza M, Dahdah G,

Mouton A, Blanchard D. Treatment of stenosis and thrombosis in haemodialysis fistulas and grafts by interventional radiology. Nephrol dial Transplant. 2000; 15:2029-36

49. Turmel-Rodrigues L, Mouton A, Birmele B, Billaux L, Ammar N, Grezard O, Hauss S, Pengloan J. Salvage of immature forearm fistulas for haemodialysis by interventional radiology. Nephrol Dial Transplant 2001; 16:2365-71

50. Palder SB, Kirkman RL, Whittemore AD, Hakim RM, Lazarus M, Tilney NL. Vascular access for hemodialysis: patency rates and results of revision. Ann Surg 1985; 202:235-9

51. Miller PE, Tolwani A, Luscy CP, et al. Predictors of adequacy of arteriovenous fistulas in hemodialysis patients. Kidney Int 1999; 56:275-80

52. Allon M, Lockhart ME, Lilly RZ, et al. Effect of preoperative sonographic mapping on vascular access outcomes in hemodialysis patients. Kidney Int 2001; 60:2013-20

53. Won T, Jang JW, Lee S, Han JJ, Park YS, Ahn JH. Effects of intraoperative blood flow on the early patency of radiocephalic fistulas. Ann Vasc Surg 2000; 14:468-72

54. Wong V, Ward R, Taylor J, Selvakumar S, How TV, Bakran A. Factors associated with early failure of arteriovenous fistulae for haemodialysis access. Eur J Vasc Endovasc Surg 1996; 12:207-13

55. Lin SL, Chen HS, Huang CH, Yen TS. Predicting the outcome of hemodialysis arteriovenous fistulae using duplex ultrasonography. J Formos Med Assoc 1997; 96:864-8

56. Robbin ML, Chamberlain NE, Lockhart ME, Gallichio MH, Young CJ, Deierhoi MH et al. Hemodialysis arteriovenous fistula maturity. US evaluation. Radiology 2002;225:59-64

57. Bosman PJ, Boereboom FT, Eikelboom BC, Komans HA, Blankestijn PJ. Graft flow as a predictor of thombosis in hemodialysis grafts. Kidney Int 1998; 54:1726-1730.

58. Kanterman RY, Vesely TM, Pilgram, Guy BW, Windus DW, Picus D. Dialysis access grafts: anatomic location of venous stenosis and results of angioplasty. Radiology 1995; 195: 135-139

59. Roberts AB, Kahn MB, Bradford S. Graft surveillance and angioplasty prolongs diálisis graft patency. J Am Coll Surg. 1996; 183: 486-492

60. Safa AA; Valji K, Roberts AC, Ziegler TW, Hye RJ, Oglevie SB. Detection and treatment of disfuncional hemodiálisis access grafts. Radiology. 1996; 199: 653-657

61. Castillo R Lozano T, Escobar G, Revert L, López J, Ordinas A. Defective platelet adhesión on vessel subendothelium in uremic patients. Blood. 1986; 68: 337-342

62. Benigni A, Boccaardo P, Galbusera M. Reversible activation defect of platelet glycoprptein IIb-IIIa complexin patients with uremia Am J Kidney Dis 1993; 22: 668-676

63. Liani M, Salvati F, Tresca E. Arteriovenous fistula obstrubction and expresión of platelet receptors for von Willebrandfactor and fibrinogen in hemodiálisis patients. Int J Artif Organs 1996; 19: 451-454

64. Yao-Cheng C, Jin-Bor C, Lin-Cheng Y, Ching-Yuan. Significance of platelet activation in vascular access survival of hemodiálisis patients. Nephrol Dial Transplant 2003; 18: 947-954

65. Cases A, Reverter JC, Escolar G. Platelet activation on hemodiálisis: influence of diálisis membranes. Kidney Int 1993; 43 (suppl 41): S217-S220

66. Turrito VT, HallCL. Mechanical factors affecting hemostasis and trombosis. Thromb Res 1998; 92: 25-31

67. Savage B, Ruggeri ZM. Selective recognition of adhesive sites in surfacebound fibrinogen by glicoprotein Iib-IIIa on non active platelets. J Biol. Chem 1991; 266: 11227-11233

68. Colman RW, Scott CF, Schmaier AH, Edmus LHJ. Initiation of blood coagulation at artificial surfaces Ann N Y Acad Sci 1987; 516: 253-267

69. LeSar CJ, Merrick HW, Smith MR. Thrombotic complications resulting from hypercoagulable states in chronic hemodiálisis vascualar access. J Am Coll Surg 1999; 189: 73.-79

70. Prakash R, Miller CC, Suki WN. Anticardiolipin anttibody in patients on maintenance hemodiálisis and its assciation with recurrent arteriovenous graft trombosis. Am J Kidney Dis 1995; 26:347-352.

71. Brunet P, Aillaud MF, San Marco M. Antiphospholipids in hemodiálisis patients. Kidney Int 1995; 48: 794-800.

72. Valeri A, Joseph R, Radhakrisnan J. A large prospective survey of anticardiolipin antibodies in chronic hemodiálisis patients. Clin Nephrol 1999; 51: 116-121

73. Sagripanti A, Cupisti A, Baicchi U, Ferdeghini M, Morelli E, Barsotti G. Plasma parameters of the prothrombotic state in chronic uremia. Nephron 1993; 63: 273_278

74. Song IS, Yang WS, Kim SB, Lee JH, Park JS. Association of plasma fibrinogen concentration with vascular access failure in hemodiálisis patients. Nephrol Dial Transplant 1999; 14: 137-141

75. Lai KN, Yin JA, Yuen PM, Li PK. Effect of hemodiálisis on protein C, protein S, and AT III levels. Am J Kidney Dis 1991; 17: 38-42

76. Selhub J, D'Angelo A. Relationship between homocysteine adn thrombotic disease. Am J Med Sci 1998; 316: 129-141

77. Moustapha A, Naso A Nahlawi M. Prospective study of hyperhomocystenemia as an adverse cardiovascular risk factor in ESRD. Circulation 1998; 97: 138-141

78. Mans BJ, Burgess ED, Parsons HG, Schaefer JP, Scot-Douglas NW. Hyperhomocystenemia, anticardioliplin antobodie statius, and risk for vascular access trombosis in hemodiálisis patients. Kidney Int 1999; 55: 315-320 79. Shemin D, Lapane KL, Bausserman L. Plasma total homocysteine and hemodialysis access trombosis: a prospective study. J Am Son Nephrol 1999;10: 1095-1099

80. Domoto DT, Bauman JE, Joist JH. Combined aspirin and sulfinpyrazone in the prevention of recurrent hemodialysis vascular access trombosis. Thromb Res 1991; 62: 737-743

81. Collaborative overview of randomied trials of antiplatelet therapy-II. Maintenance vascular grafty or arterial patency by antiplatelet therapy. Br Med J 1994; 308: 159-168

82. Sreedhara R, Himmelfarb FE, Lazarus M, Hakim R. Anti-platelet therapy in graft trombosis. Kidney Int 1994; 45: 1477-1483

83. Harvey R, Bredenberg CE, Couper L, Himmelfarb J Aspirin anhances platelet derived growth factor –induced vascular smooth muscle cell proliferation. J Vasc Surg 1997; 25: 689-695

84. Kaufman JS, O'Connor TZ, Zang JH, Cronin RE. Randomized controlled trial of clopidogrel plus aspirin to prevent hemodiálisis access graft trombosis. J Am Soc Nephrol 2003; 14: 2313-2321

85. Wing AJ, Curtis JR, De Wardener HE. Reduction of clotting in Scribner shunts by long-term anticoagulation Br Med J 1967; 3: 143-145

86. Smiths JHM, van der Linden J, Blankestijn PJ, Rabelink TJ. Nephrol Dial Transplant 2000; 15: 1755-1760

87. Crowther MA, Clase CM, Margets PJ, Julian J, Lambert K, Sneath D, Nagai R,Wilson S, Ingram AJ. Low_Intesity warfarin is ineffective for the prevention of PTFE graft failure in patoents on hemodialysisi: A randomized controlled trial. J AM Soc Neprhol 2002; 13:2331-2337